Le saint-pierre (*Zeus faber*)

Biologie, pêche, marché et potentiel aquacole

Marie-Hélène Omnes

Ifremer

Le saint-pierre (*Zeus faber*)

Déjà parus : *Le lieu jaune, Les rougets barbets, Le maigre, Le cernier, La morue.*

Préambule

La pisciculture marine est en développement constant. Elle est récente et seules quelques espèces (saumon, sériole) ont atteint des niveaux de production industrielle (quelques centaines de milliers de tonnes). On peut constater néanmoins que la diversité environnementale, la différenciation des marchés et la variabilité des modes et des systèmes de production conduisent à envisager l'élevage de plusieurs espèces. Les motivations économiques d'une demande de diversification des espèces piscicoles peuvent être très variées : d'un créneau stratégique à long terme (cas des thons, des gadidés) à un objectif d'accroissement de la diversité des produits frais entiers pour les marchés de connaisseurs.

Avant d'entreprendre tout programme de recherche ou simplement pour faire le point sur une espèce semblant intéressante, il nous a paru pertinent de faire une analyse bibliographique la plus complète possible, dès lors qu'il s'agit d'espèces dont l'intérêt piscicole est récent. Les éléments d'informations disponibles concernent les domaines de la biologie, de l'halieutique et de la production par pêche.
Ces connaissances constituent la base d'une série de fascicules consacrés à plusieurs espèces de poisson.

Sommaire

Chapitre I

Biologie

Le saint-pierre (*Zeus faber*)

Biologie

L'espèce

Le saint-pierre (*Zeus faber* Linnaeus, 1758) appartient à la famille des *Zeidae*, ordre des Zéiformes, classe des Actinoptérygiens. Les noms communs français sont : saint-pierre, dorée, poule de mer. Il porte de nombreux noms régionaux. Il est parfois appelé dorade en Normandie ; l'églefin (*Melanogrammus aeglefinus* L., 1758) est également appelé saint-pierre à Dunkerque et à Gravelines, ce qui peut provoquer des confusions. Ses principaux noms étrangers sont : en anglais, dory, John dory, en espagnol, pez de San Pedro et, en italien, pesce San Pietro (Quéro & Vayne, 1997).

Le saint-pierre : tête large, ocelle noirâtre.

L'espèce *Z. faber* comporte des synonymes comme *Z. japonicus* (Valenciennes, 1835, au Japon et en Afrique du Sud), ou *Z. australis* (Richardson, 1845). Cependant, l'opinion est partagée sur la distinction de ces noms d'espèces vis-à-vis de *Z. faber*. À l'origine, l'espèce *Z. pungio* (Valenciennes, 1835) est décrite en Méditerranée et en mer Noire, et a été considérée dans la littérature courante comme une sous-espèce de *Z. faber*. La principale différence entre *Z. faber pungio* de Méditerranée et *Z. faber faber* de l'Atlantique nord est que la première se différencie, entre autres caractères, par des épines plus larges (Heemstra, 1980 ; Kukuyev & Sukhovershin, 1995). Par ailleurs, *Z. faber mauritanicus* a été décrit par Desbrosses (1937) et est rencontré le long des côtes de l'Afrique du nord-ouest (Maigret & Ly, 1986).

Le saint-pierre, *Z. faber*, a une tête large, un corps gris verdâtre doré, élevé et comprimé latéralement, caractérisé par la présence sur les côtés d'un ocelle noirâtre dont le contour est gris clair. Il est recouvert d'écailles rudimentaires, non discernables chez les individus de taille inférieure à 12 centimètres. La nageoire dorsale comporte 9 à 11 rayons épineux, de longs filaments et 22 à 25 rayons mous ; la nageoire anale présente 4 rayons épineux et 20 à 24 rayons mous. Les nageoires pelviennes ont une épine et 6 à 8 rayons mous. Des scutelles[1] épineuses sont présentes à la base des nageoires dorsale (5 à 10) et anale (6 à 11). La bouche est très protractile[2] et comporte des dents fines (Quéro & Robles Pariente, 1977 ; Heemstra, 1980 ; Maigret & Ly, 1986 ; Kukuyev & Sukhovershin, 1995 ; Quéro & Vayne, 1997 ; *www.FishBase.org*).
Z. faber peut être confondu, avec le saint-pierre argenté (faux saint-pierre ; *Zenopsis conchifer* Lowe, 1852), dont la tête est plus concave, l'œil plus petit et dont le nombre de rayons des nageoires est différent, ainsi qu'avec le saint-pierre rosé (*Cyttopsis rosea* Lowe, 1843) dépourvu de fortes épines à la base des tubercules des nageoires dorsale et anale et également de filaments sur la portion épineuse de la nageoire dorsale. La première espèce est observée dans les captures en provenance des côtes d'Espagne et est répertoriée en petit nombre jusqu'en mer Celtique. L'aire de répartition de la seconde s'étend le long de la côte atlantique africaine jusqu'aux côtes ibériques. De même, le saint-pierre peut être confondu avec certaines espèces de la famille des *Caproidae* présentant une petite bouche et de petites écailles sur les flancs (Quéro & Robles Pariente, 1977 ; Quéro, 1978 ; *www.FishBase.org*).

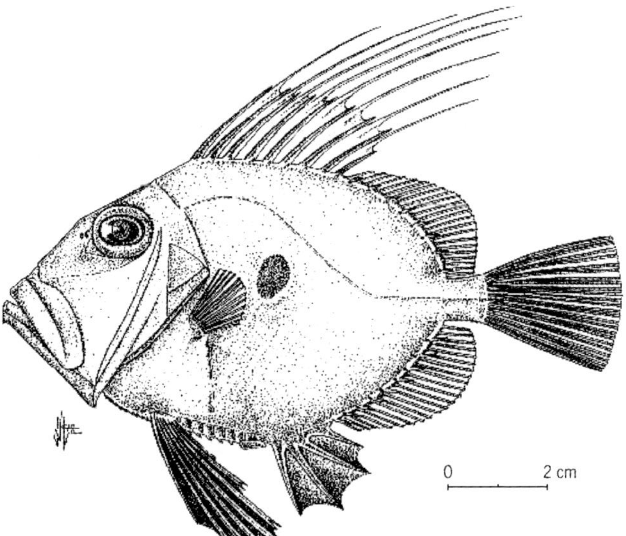

Figure 1
Le saint-pierre
(Vayne, Ifremer).

1. Scutelle : forte écaille en forme d'écusson.
2. Protractile : qui peut être étiré, distendu vers l'avant (bouche protractile).

Répartition géographique et bathymétrique

Le saint-pierre a une large répartition géographique. Il est connu dans l'océan Atlantique est, depuis la Norvège (62° N) jusqu'au sud de l'Afrique (35° S), ainsi qu'en mer Méditerranée et en mer Noire. Ce poisson est présent dans le Pacifique centre-ouest, sud-ouest et sud-est : dans les eaux du Japon, de Corée, d'Australie et de Nouvelle-Zélande. Il est également signalé dans l'océan Indien. Il fréquente ainsi des eaux froides tempérées à subtropicales (Quéro, 1978 ; Quéro & Vayne, 1997).

Figure 2
Répartition géographique mondiale du saint-pierre (données *www.FishBase.org*).

Le saint-pierre est peu actif, solitaire et on ne le trouve jamais en grand nombre. Cependant, les individus adultes paraissent se rassembler plus au large (Quéro & Vayne, 1997 ; Dunn, 2001). C'est une espèce démersale[3], qui fréquente surtout les fonds meubles et vaseux. Ce poisson vit sur le plateau continental et le talus. Il a été observé depuis 20 mètres de profondeur et jusqu'à plus de 400 mètres, mais réside essentiellement entre 20 et 160 mètres (99 % des captures) et plus particulièrement entre 50 et 120 mètres de profondeur (87 % des captures), selon les observations de Quéro (1978) étudiant la distribution des *Zeidae* dans l'Atlantique oriental le long des côtes de l'Afrique du nord-ouest, entre le cap Vert (15° N) et le cap Juby (28° N), et celles de Righini & Voliani (1996) dans les eaux italiennes du nord de l'archipel de Toscane.

3. Démersales : se dit des espèces qui vivent sur le fond de la mer ou au voisinage du fond.

Des données sur la distribution et l'abondance de l'espèce sont également collectées du golfe de Gascogne à la mer d'Irlande, au cours des campagnes scientifiques d'évaluation des stocks de populations naturelles EVHOE (Évaluation des ressources halieutiques de l'ouest de l'Europe). La zone étudiée pendant ces campagnes s'est d'abord limitée, à partir de 1987, au plateau continental et aux accores nord-est du golfe de Gascogne (entre 43 et 48° N). Elle a été étendue au plateau et aux accores de la mer Celtique à partir de 1990. La figure 3 (données communiquées par J.C. Poulard, 2001) résume la distribution spatiale du saint-pierre observée à partir des données des campagnes d'automne de 1987 à 1999.

Dans le golfe de Gascogne et la mer Celtique (les observations précédentes étant complétées par des campagnes de printemps), l'occurrence des saint-pierres dans les chalutages varie peu entre l'automne et le printemps ; respectivement, 25 et 29 % des chalutages contiennent des individus. Au printemps, l'abondance (en nombre de poissons par chalutage) diminue de la côte vers le large en marquant un palier entre une profondeur de 50 à 200 mètres (fig. 4a). Par contre, la biomasse

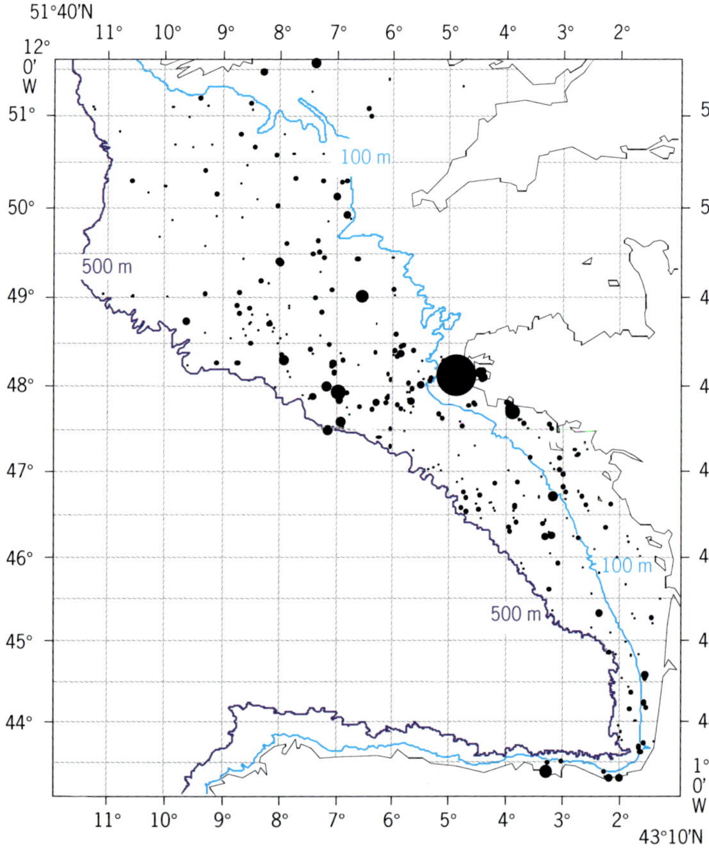

Figure 3
Distribution spatiale des captures de saint-pierre observées du golfe de Gascogne à la mer d'Irlande au cours des campagnes EVHOE de 1987 à 1999. La localisation des chalutages où au moins un individu a été capturé (le diamètre des cercles est proportionnel au nombre de poissons capturés) et la position des isobathes 100 et 500 m sont indiquées (données communiquées par J.C. Poulard, 2001).

est nettement plus importante entre 100 et 200 mètres. En automne, l'abondance est assez régulière depuis la côte jusqu'à 250 mètres (fig. 4b). À cette saison, en 1987, il a été observé, une capture inhabituelle de 180 individus de taille comprise entre 25 et 55 cm, localisée en mer d'Iroise. Aux deux saisons, alors que les biomasses suivent une augmentation progressive selon un gradient côte-large jusqu'aux isobathes 200-250 mètres, les jeunes saint-pierres se rencontrent préférentiellement près de la côte ; les plus gros fréquentent les strates les plus profondes (fig. 4 a, b).

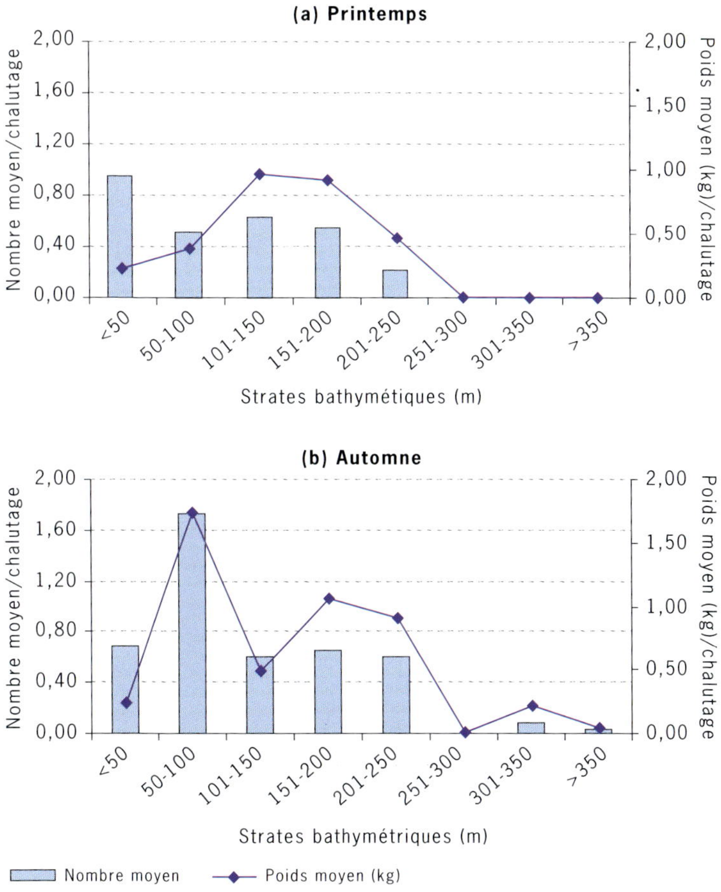

Figure 4
Abondance et poids moyen de saint-pierre par chalutage en fonction des strates de profondeur :
(a) au printemps (335 chalutages en 1988 et 1991),
(b) à l'automne (1 523 chalutages entre 1987 et 2000 ; données communiquées par J.C. Poulard, 2001).

Le poids individuel, connu lorsqu'il s'agit de captures de saint-pierres isolés, a permis d'établir une distribution de fréquence de ce paramètre, indiquant qu'il variait de 0,01 kg pour les petits spécimens à 3,8 kg pour les adultes (tab. 1).

Tableau 1 - Fréquence de poids individuel de saint-pierre (calculée à partir de prises, dans le golfe de Gascogne, d'individus isolés ; effectif 224, campagnes d'automne EVHOE 1987-1999, données communiquées par J.C. Poulard, 2001).

Poids (kg)	Fréquence (%)
≥ 2	10,3
≥ 1 - < 2	23,2
≥ 0,5 - < 1	22,3
≥ 0,2 - < 0,5	27,2
≤ 0,2	17,0

Dans les eaux portugaises, le saint-pierre n'a jamais été observé aux profondeurs prospectées de 500 à 750 mètres (Silva, 1992). Les indices d'abondance des individus ne montrent pas de différence entre l'été et l'automne, ce qui indiquerait que la population est sédentaire pour cette espèce. Cet auteur émet toutefois l'hypothèse d'une migration saisonnière des plus gros individus se déplaçant en été vers le large (200-500 m, se traduisant par une diminution du poids moyen des poissons), retournant en automne vers le plateau.

En Manche, une étude de pêcheries au sud de l'Angleterre et du pays de Galles (Dunn, 2001) indique que le saint-pierre (de taille comprise entre 40 et 59 cm) est plus abondant dans les eaux du sud et de l'ouest des îles britanniques ; les plus gros individus n'entrent pas dans les eaux côtières de Manche-est. Dans cette aire, la présence saisonnière de poissons le plus souvent immatures indique que les zones de Manche-est et celles du sud de la mer du Nord peuvent être considérées comme des nurseries pour l'espèce. Ce serait aussi le cas de la mer d'Irlande. Par ailleurs, les variations saisonnières de la taille des poissons entre ces secteurs laissent supposer qu'une migration du saint-pierre a lieu depuis la Manche-est vers les aires ouest ou plus au sud (Dunn, 2001).

Il y a peu d'informations concernant les caractéristiques du milieu naturel fréquenté par le saint-pierre, tel que le bassin méditerranéen, l'archipel de Toscane où une croissance individuelle rapide est observée (Righini & Voliani, 1996), le plateau continental portugais (Silva, 1992) ou les eaux mauritaniennes (Maigret & Ly, 1986). En zone tempérée, d'un point de vue thermique, quelques données sont cernées. Le long des côtes atlantiques françaises, en automne, il est capturé dans une eau de température variant de 12 °C jusqu'à 15,5 °C près du fond, et de salinité avoisinant 35,5 ‰ (données communiquées par J.C. Poulard, 2001). En mer Celtique (47-52° N), au printemps, sa présence est associée à des températures comprises entre 8 °C et 10 °C (Warnes & Jones, 1995).

Reproduction et jeunes stades

La reproduction a lieu de la fin d'hiver au début du printemps en Mauritanie (baie du Lévrier ; Maigret & Ly, 1986), de janvier à mars-avril en Australie ainsi qu'en début d'année près des côtes portugaises. Elle a lieu entre juin et août en mer Méditerranée, dans le golfe de Gascogne jusqu'en mer d'Irlande et dans les eaux au sud de la Grande-Bretagne. Après la ponte, depuis cette aire sud des eaux britanniques, il a été observé que le poisson migre aussi loin, dans le nord, que le sud-ouest de la Norvège et le Skagerrak (Dunn, 2001). Les pontes sont observées à des profondeurs comprises entre 50 et 100 mètres (Clark 1913-1915 ; *www.FishBase.org*).

Chez le saint-pierre aucun caractère sexuel secondaire ne permet de distinguer extérieurement les individus mâles des individus femelles. Un nombre de chromosomes de 2n = 42 chez les mâles et de 2n = 44 chez les femelles (Vitturi *et al.*, 1991) avait été mis en évidence, mais ces données diffèrent d'observations ultérieures où le nombre de chromosomes était identique entre les deux sexes (d'après Klinkhardt *et al.*, 1995 ; *in www.FishBase.org*).

La longueur moyenne à la 1re maturité sexuelle varie de 23 à 29 cm pour les mâles et de 29 à 37 cm pour les femelles, suivant la localisation des pêches : le long des côtes britanniques (Dunn, 2001), en Manche-est et ouest (Dorel, 1986) ou en Nouvelle-Zélande (*www.FishBase.org*). Ainsi, dans le milieu naturel, la maturité sexuelle est atteinte vers 3 ans chez les mâles et 4 ans chez les femelles. La croissance des femelles serait plus rapide que celle des mâles ; une taille maximale de 65 cm (5 kg) serait observée chez la femelle vers 12 ans (Maigret & Ly, 1986).

La ponte d'une femelle s'effectue par émission successive de petits nombres d'ovules (ponte séquentielle). La fécondité, quantité totale d'œufs pondus par la femelle, n'est pas connue. Les œufs sont pélagiques, d'un diamètre compris entre 1,9 et 2,0 millimètres. Ils comportent un globule lipidique de taille comprise entre 0,36 et 0,40 millimètres. Le chorion est lisse et ne présente pas de particularités, le vitellus est homogène. Les œufs se développent lentement. Dès que l'embryon est visible, des mélanophores[4] apparaissent, dispersés sur le vitellus. Durant les derniers stades embryonnaires, ils sont présents sur tout le corps à l'exception de la région caudale. La période d'incubation est de 12-13 jours[5] (Sanzo, 1931a; Russel, 1976).
La description des larves et des post-larves a été faite par Sanzo (1931a), à partir d'une collecte d'œufs fécondés dans le milieu naturel. Le développement a été observé pendant 15 jours. La larve éclose mesure 4,3 mm de long et les yeux sont partiellement pigmentés.

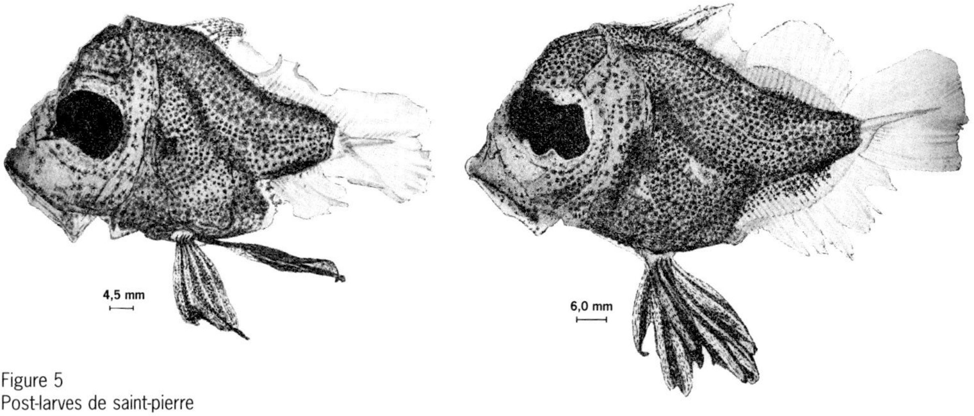

Figure 5
Post-larves de saint-pierre
(a) de 4,5 mm;
(b) de 6 mm.

L'anus est situé près de la partie postérieure du sac vitellin. La tête et le vitellus sont couverts de larges mélanophores étoilés; ceux-ci sont aussi présents sur la membrane de la première nageoire anale; ils sont moins nombreux sur les côtés de l'abdomen et dans la région operculaire. La nageoire caudale n'a pas de pigment. La résorption du sac vitellin s'effectue en 9 jours et s'accompagne d'une légère diminution de la longueur de la larve (3,8 mm). À cette taille, la larve est apte à une première alimentation (Schmidt, 1908; Russel, 1976). La hauteur de la tête et du corps augmentent, le corps est compressé, ce changement de forme fait la particularité de la post-larve. La bouche est très large, les yeux sont gros. Quinze jours après l'éclosion, la taille atteint 4,8 millimètres.

4. Mélanophore: cellule pigmentée noire dans l'épiderme (peau) d'un poisson.
5. Température non renseignée.

Des biométries de jeunes individus, indiquent que des hauteurs de 2 et 3 mm correspondent à des longueurs totales corporelles respectives de 4,5 et de 6 mm (fig. 5a, b ; Clark 1913-1915) ; des hauteurs de 3,7 ; 5,6 et 10 mm correspondent à des longueurs respectives, entre le bout du museau et la nageoire caudale, de 6 ; 7,7 et 14 millimètres (Schmidt, 1908). Vers 19 mm, les nageoires et le nombre de rayons sont bien différenciés, la pigmentation s'est intensifiée. Cette taille peut correspondre à l'âge de la première métamorphose, le poisson ayant acquis l'apparence d'un jeune adulte.

Alimentation

Il est notable de constater que sa morphologie, bouche excessivement protractile et corps aplati, correspond à l'activité trophique du saint-pierre et induit son comportement alimentaire dans le milieu naturel : il chasse à l'affût. Des informations sur son régime alimentaire ont été communiquées par Quiniou (1978), Stergiou & Fourtouni (1991), Velasco & Olaso (1998), Silva (1999). Le saint-pierre de taille inférieure à 80 mm se nourrit de zooplancton, représenté principalement par des mysidacés[6]. À une taille supérieure, il consomme progressivement des petits poissons benthiques. Au-delà de 140 mm, grâce à sa bouche de grande taille, il engloutit des poissons exclusivement benthiques et démersaux.

Le saint-pierre : bouche protractile en extension.

6. Mysidacé : groupe de petits crustacés arthropodes.

En baie de Douarnenez Quiniou, (1978) a observé qu'une forte proportion (72 %) de saint-pierres de taille comprise entre 5 et 18 cm avait des proies dans leur estomac, comme chez la majorité des poissons chasseurs. Le nombre de proies par estomac était cependant faible, correspondant à un poids moyen de 2,3 grammes. Les poissons forment le groupe de proies préférentielles, représentant jusqu'à 80 % du régime alimentaire ; des crustacés sont aussi observés (4,7 %) et parfois même des mollusques céphalopodes (2,4 %), considérés comme des proies accidentelles dans l'alimentation du saint-pierre. Dans le golfe de Gascogne, les poissons consommés sont représentés par des gobies, des callionymes, des merlus ou des chinchards. Dans d'autres régions, l'alimentation de cette espèce se compose de sardines, de sprats, de harengs, d'athérines, de lançons, de jeunes gadidés, de crustacés (*Pandalidae*) et, rarement, de mollusques céphalopodes. Le régime alimentaire reflète davantage l'abondance des proies dans une zone qu'une préférence pour des proies données. Le saint-pierre s'ensable parfois pour attirer certains poissons (Silva, 1999).
L'indice d'assimilation de la nourriture (considérant le poids sec du contenu stomacal et intestinal du tractus digestif) comparé entre plusieurs espèces, est de 87,8 % chez le saint-pierre. Il est supérieur à celui du pagre (61,2 %) ou du chinchard (47,7 %) et indique pour le saint-pierre une bonne activité prédatrice (Jedryczkowski, 1977).

Croissance

Selon les données disponibles dans la littérature (Silva, 1992 ; Quéro & Vayne, 1997 ; Dunn, 2001) ou celles obtenues par l'étude EVHOE (données communiquées par J.C. Poulard, 2001), il est possible d'avoir une idée de la croissance du saint-pierre en fonction de l'âge des individus.

À la fin du premier hiver, il mesure environ 9 à 13 cm, au second hiver, 24 à 27 cm, au troisième, 23 à 36 cm, et au quatrième, 40 cm (tab. 2).

Tableau 2 - Données de taille corporelle du saint-pierre selon les localisations et l'âge.

Âge	0,5	1	1,5	2	2,5	3	>	
Localisations	**Taille (cm)**							**Références**
Plymouth		13		28				Cunningham, 1891 (*in* Clark, 1913-1915)
Manche britannique	< 15	15-25		25-35				Clark, 1913-1915
Eaux danoises (côtes allemandes)		11 été					42 automne	Jansen, 1979, (*in* Silva, 1992)
Eaux continentales portugaises		10-14 (été)	18-22 (automne)		23-26			Silva, 1992
Mer Celtique (eaux anglaises et du pays de Galles)		~	~		~			Dunn, 2001
Nord de l'archipel de Toscane		17,2		30,2		39,8		Righini & Voliani, 1996
Côtes atlantiques	9-13		24-27		23-36		40	Quéro & Vayne, 1997
" " "	6-10*	16-20*	21-25*		31-35*		41-45*	J.C. Poulard, 2001 Campagnes EVHOE

(* D'après la figure 6).

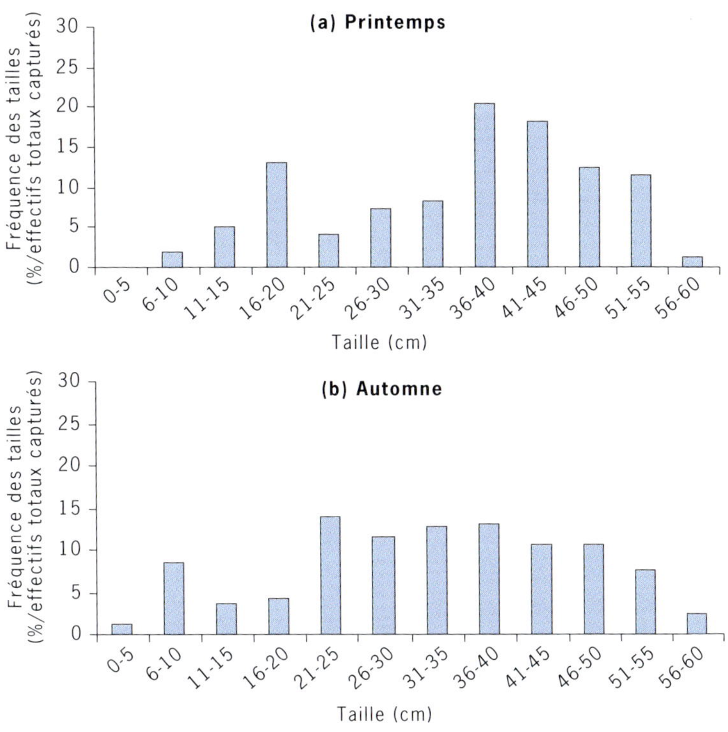

Figure 6
Distribution des tailles (cm) de saint-pierres capturés dans le golfe de Gascogne au cours des campagnes EVHOE (a) de printemps (189 individus ; chalutages de 1988 et 1991) et (b) d'automne (1 083 individus ; chalutages de 1987 à 1999 ; données communiquées par J.C. Poulard, 2001).

La relation taille-poids fournie par Dorel (1986) indique qu'à 1 an le saint-pierre a un poids d'environ 50 g (13 cm), à 2 ans de 350 g (27 cm), à 3 ans de 800 g (36 cm) et vers 4 ans de 1 100 g (40 cm) (fig. 7). Ainsi, dans le milieu naturel, en une année, vers 2 à 3 ans, il multiplierait environ par deux fois et demi son poids. La longueur maximale de ce poisson observée dans les débarquements se situe entre 59 cm (individus débarqués par les pêches anglaises ; Dunn, 2001) et 65 cm (Fiom, 1997 ; Maigret & Ly, 1986). Le saint-pierre est généralement commercialisé entre 23 et 40 centimètres.

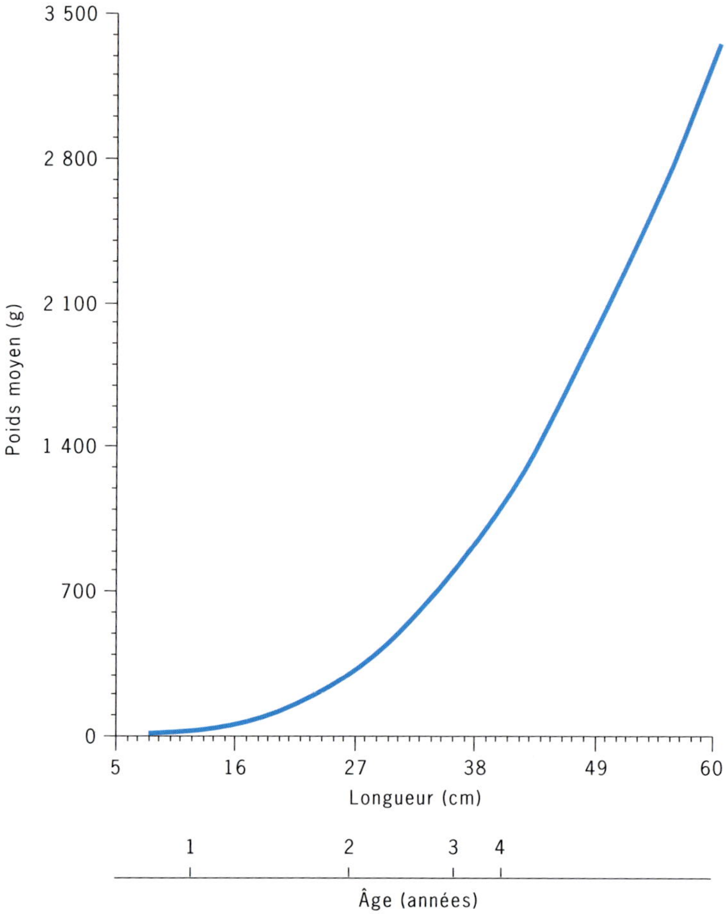

Figure 7
Relation taille-poids du saint-pierre.
Pour le saint-pierre de Manche est-ouest, l'équation est : $W = 0{,}023^{2,91}$, où W est la masse donnée en grammes et L est la longueur exprimée en centimètres (Dorel, 1986).

Chapitre II

Production et marché

Le saint-pierre (*Zeus faber*)

Production et marché

Pêche

Le saint-pierre fait l'objet d'une exploitation commerciale. Il est capturé au chalut. C'est un poisson, souvent pêché avec des espèces d'intérêt commercial plus abondantes. En chasse sous-marine, les prises de saint-pierres sont anecdotiques car ce poisson occupe un biotope plus profond que celui fréquenté par d'autres espèces (bar, vieille...). Ce poisson est convoité pour l'excellence de sa chair et sa valeur commerciale.
Le saint-pierre ne fait pas partie des espèces menacées. Aussi, aucune mesure de gestion spécifique des pêcheries n'a été introduite pour assurer sa protection. Par contre, des conditions très restrictives de pêche sont instaurées pour de nombreuses espèces d'intérêt commercial. Ceci a pour conséquence d'accroître l'effort de pêche vers des espèces qui ne sont pas protégées, comme le saint-pierre (Dunn, 2001).
Il n'y a pas de taille minimum réglementaire appliquée à sa pêche. Les spécimens de taille comprise entre 12 et 22 cm sont rejetés, ce qui reflète la préférence d'une taille supérieure pour la commercialisation de cette espèce (Dunn, 2001 ; Quéro & Vayne, 1997). Les lieux de captures par les pêcheurs français sont principalement l'Atlantique Nord et la Méditerranée. Les pêches britanniques indiquent que la majorité des saint-pierres capturés provient de Manche-ouest, même si les débarquements venant de mer Celtique ont augmenté depuis une dizaine d'années. Il y a très peu de saint-pierres provenant de Manche-est, de mer du Nord et de mer d'Irlande. Le saint-pierre est pêché toute l'année, mais les tonnages débarqués sont plus importants de mai à novembre (Dunn, 2001).

Les débarquements mondiaux qui n'ont cessé de s'accroître depuis les années soixante dix s'élevaient à 9 074 tonnes en 2000 (fig. 8 ; FAO-Fishstat+, 2002).

Figure 8
Évolution
des débarquements
mondiaux de saint-pierres
de 1970 à 2000
(FAO-Fishstat+, 2002).

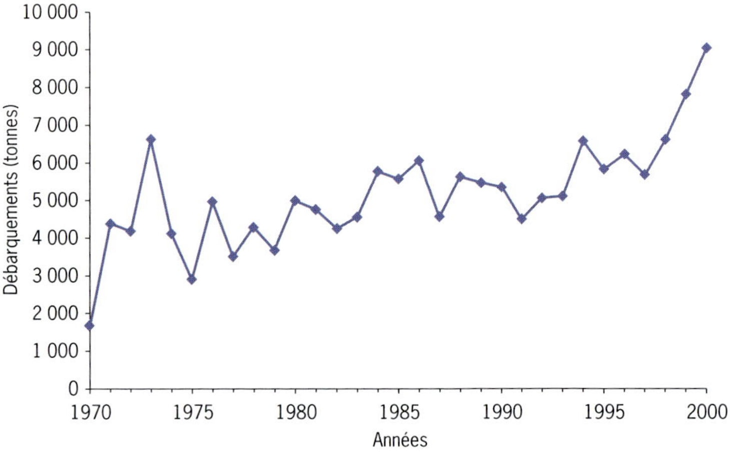

Les répartition des débarquements par pays montrent un quasi doublement de mise à terre au cours de la période 1997-2000 (fig. 9, 10). En 2000, l'Angola apparaissait être le principal producteur de saint-pierres avec 1 582 tonnes ; ce pays était suivi par la France (FAO-Fishstat+, 2002).

Figure 9
Répartition des
débarquements mondiaux
de saint-pierres par les
principaux pays producteurs
de 1990 à 2000
(classement de production
en 2000 ; FAO-Fishstat+,
2002).

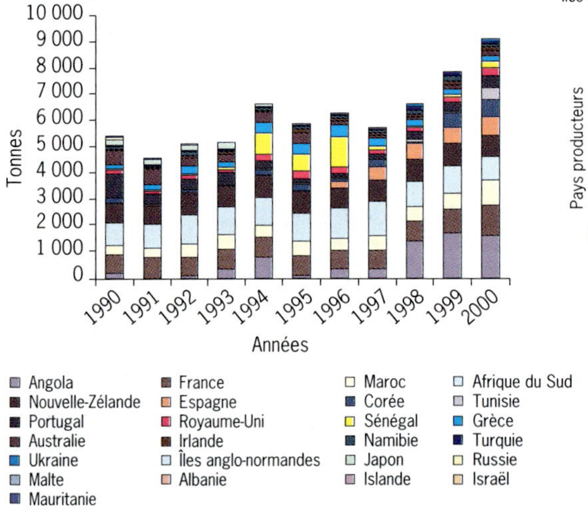

Figure 10
Production de saint-pierres
par pays en 2000
(FAO-Fishstat+, 2002).

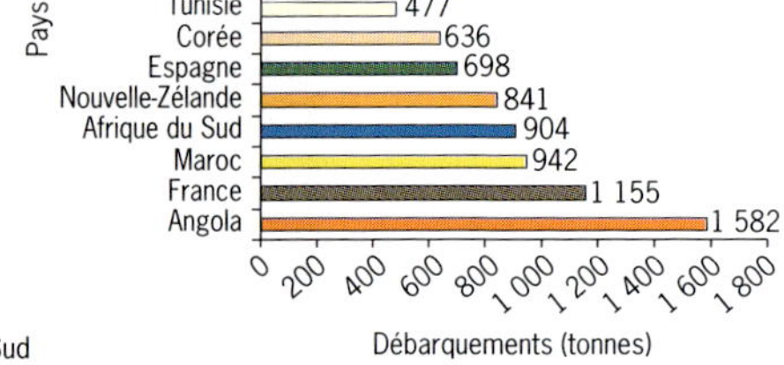

De 1992 à 2001, les débarquements de saint-pierres en France suivent la même évolution que la tendance mondiale. En 2000, le tonnage français débarqué était de 1 155 t (fig. 11, FAO-Fishstat+, 2002). La production française était de 1 194 t en 2001 (Ofimer, 2002b) et correspondait à une valeur de près de 10 millions d'euros, qui est une contribution non négligeable à la valeur de production des pêches des produits de la mer. La production en 2000 a été fournie principalement par trois quartiers maritimes : Le Guilvinec avec 528 t, Saint-Brieuc avec 153 t et Concarneau avec 143 t (tab. 3, tab. 4).

Figure 11
Évolution des débarquements français et des prix moyens de saint-pierres sous criées de 1992 à 2001 (FAO-Fishstat+, 2002 Ofimer, 2002b).

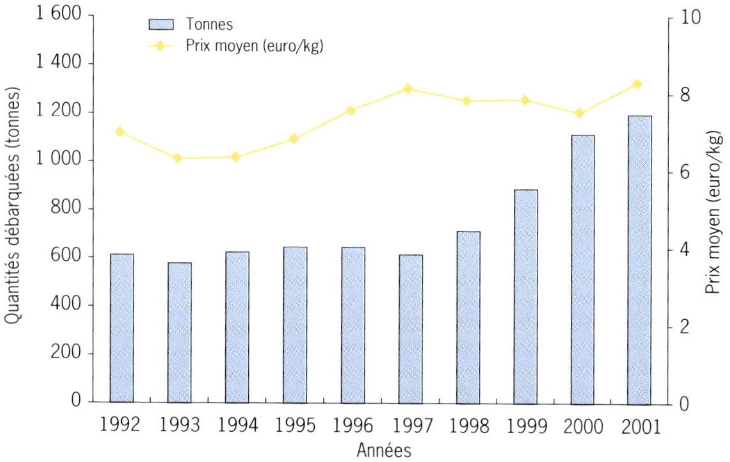

Port du Guilvinec.

Tableau 3 - Débarquements et ventes du saint-pierre dans les principales criées en 2000 (Ofimer, 2001a).

	Quantité débarquée (tonnes)	Taux de retrait (%)	Quantité vendue (tonnes)	Valeur (1 000 €)	Prix moyen (€/kg)
Toutes criées	1 113	0,4	1 108	8 333	7,52
Le Guilvinec	346	0,1	346	2 966	8,58
Concarneau	142	0,4	141	910	6,45
Erquy	94		94	830	8,86
Loctudy	123	1,2	122	732	6,00
St-Quay-Portrieux	58	0,1	58	513	8,87
Cherbourg	64	0,6	63	479	7,29
Roscoff	47	0,1	47	378	8,03
Saint-Guénolé	56		56	354	6,32
La Rochelle	42	2,8	40	222	5,49
Port-en-Bessin	25		25	195	7,94
Douarnenez	32	1,1	32	160	4,99
Les Sables-d'Olonne	22	1,6	22	114	5,25
Saint-Malo	13		13	105	7,85
Lorient	16	0,3	16	90	5,61

Marché

En 2000, le prix moyen de vente sous criées du saint-pierre était de 7,52 €/kg, présentant des variations selon les localités. En 2001, le prix était de 8,32 €/kg, inférieur à celui du turbot : 12,95 €/kg, de la sole : 10,42 €/kg, du bar : 9,32 €/kg et de la barbue : 8,39 €/kg (tab. 4). Au cours d'une même année, les ventes mensuelles sont fluctuantes, influençant la variation de prix (coefficient de variation : 18,8 %). Sous criées, le cours est le plus bas au printemps au moment où les apports sont importants ; il remonte en été puis en fin d'année, où une offre modérée permet un bon soutien des niveaux de prix (fig. 12).

En 2002, sur le marché de Rungis, le cours du saint-pierre était élevé : en début d'année, les produits de « marée fine » étaient recherchés. L'approvisionnement provenait de l'importation en février, portant le prix du saint-pierre à 16,5-17,5 €/kg HT ; ce prix était maintenu en août pour le saint-pierre provenant des pêches françaises ; mais, en septembre, les cours d'un ensemble d'espèces étaient particulièrement élevés et étaient maintenus fermes pour les meilleurs lots présentés, et, dans le cas du saint-pierre, le prix s'élevait à 22,5-23 €/kg HT (tab. 4 ; Anonyme, 2002).

Figure 12
Évolution mensuelle des quantités de saint-pierres débarquées et des cours moyens sous criées en 1999 et en 2000 (Ofimer, 2001b).

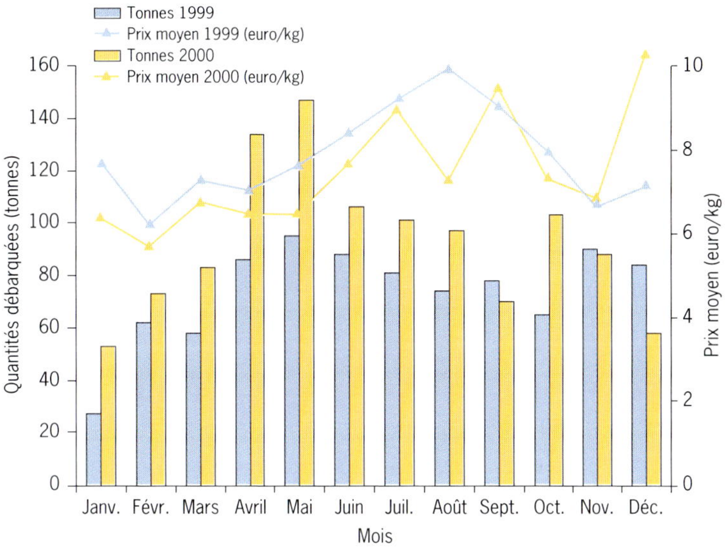

Tableau 4 - Cours des ventes des principales espèces (Ofimer, 2002a,b).

Principales espèces par ordre décroissant des prix moyens (€/kg) de vente sous criées en 2001.

	Quantité vendue (tonnes)	Valeur (1 000 €)	Prix moyen (€/kg)	*C.A. en 2000* (M euros)
Turbot	475	6 156	**12,95**	*15*
Sole	7 021	73 157	**10,42**	*84,4*
Bar	3 846	35 866	**9,32**	*55,4*
Barbue	386	3 242	**8,39**	~
Saint-pierre	**1 194**	**9 936**	**8,32**	*8,6*
Dorade royale	293	2 363	**8,05**	*10,3*
Rouget barbet	2 844	17 083	**6,01**	*19,1*

Marché de Rungis : cours des principales espèces de haute valeur marchande (€/kg HT ; Anonyme, 2002).

		23 février 2002	1er août 2002	12 septembre 2002
Saint-pierre		**(16,5-17,5)[2]**	**16,5-17,5**	**22,5-23**
Sole	T 1	~	~	23-24
	T 3	~	19,25-19,5	20-21
	T 4	~	~	16,5-17,5
Bar de ligne	2-3 kg	23-25	~	20-22
Bar de chalut	1-2 kg	16-18	16-17	15-16
Rouget barbet	300-400 g	15,5-16	16,5-18,5	18-20
Lotte (queue)	2-4 kg	19-21	18,25-19	17-19
Barbue	2-3 kg	16,5-17,5		17-18

([2] : cours de l'importation).

Présentation commerciale du saint-pierre

En France, le saint-pierre est rarement présent parmi les poissons proposés à l'étalage. Il est peu connu du consommateur, du fait des faibles quantités disponibles et de son prix relativement élevé. Cependant, une clientèle de connaisseurs lui accorde une grande renommée. Par ailleurs, aux périodes festives, l'offre est plus importante comme pour d'autres poissons tels le turbot et la lotte.

Ce poisson est commercialisé essentiellement frais ou surgelé. On peut également le trouver séché, salé et fumé (FAO, 1981). Il est présenté « entier » ou en filets. Les règles de tri sont établies d'après un « code taille » et un calibrage (poisson entier ou vidé) : (1) 2 kg et plus ; (2) 1 à < 2 kg ; (3) 500 g à < 1 kg ; (4-1) 300 g à < 500 g ; (4-2) moins de 300 g (Fiom, 1997).

Le rendement du saint-pierre lors de la transformation est de 80 % lorsqu'il est éviscéré (Cofrepêche, 1996 ; Dunn, 2001 ; Dorel, 1986 ; Dalsen, 1978), de 62 % s'il est étêté-éviscéré (Dalsen, 1978). Le rendement au filetage est d'environ 35 à 40 % (par rapport au poisson éviscéré ; Omnes & Franzen, 2000, comm. pers. ; Quéméner *et al.*, 2002 ; Bykov, 2000). Sa chair blanche, ferme et savoureuse, réputée excellente, est très estimée. Le saint-pierre est classé parmi les poissons maigres, définis par une teneur en lipides se situant aux alentours de 0,5 à 1 % : le muscle a une teneur de 0,3 % (Armstrong *et al.*, 1991) à 0,7 % en lipides (tab. 5 ; Bykov, 2000).

Son appellation a pu faire l'objet de fraudes. Une étude australienne par analyse biochimique a révélé que des filets commercialisés sous le nom de *Zeus faber* étaient en réalité ceux des espèces *Hoplostethus atlanticus* et *Allocyttus* sp. (Sumner & Mealy, 1983).

Tableau 5 - Composition de la chair et proportion des différentes parties du corps du saint-pierre (Bykov, 2000).

	%
Eau	77,9
Protéines	20,0
Lipides	0,7
Cendres	1,4
	%
Tête	28,3
(Tronc	*52,2)*
Chair et peau	38,1
Arêtes	14,1
Nageoires	4,0
Viscères	15,3

Le saint-pierre (*Zeus faber*)

Chapitre III

Perspectives aquacoles

Le saint-pierre (*Zeus faber*)

Perspectives aquacoles

À notre connaissance, le saint-pierre n'a jamais été élevé et aucune base biotechnique sur la faisabilité de son élevage n'est disponible. Les larves obtenues par Sanzo (1931a) et maintenues vivantes jusqu'à 15 jours après l'éclosion sont les seules observations de développement des jeunes stades réalisées hors du milieu naturel. Les juvéniles et les adultes détenus captifs en aquarium n'ont pas fait l'objet de collecte de données biologiques chez ce poisson. Cependant, des spécimens ayant séjourné quelques années en aquarium ont produit des pontes (Auffret, 2002, comm. pers.).

Une étude, conduite à l'Ifremer de Brest (Quéméner *et al.*, 2002), a été réalisée pour le choix de nouvelles espèces candidates à l'élevage sur la côte atlantique française. Sur la base de nombreux critères, comprenant l'avis de producteurs, d'industriels de la transformation et de la distribution, et celui de consommateurs, cette étude classe le saint-pierre au 13e rang dans un panel de 27 espèces sélectionnées. Le tableau 6 fait apparaître cette position au sein de quelques espèces d'intérêt aquacole.

Tableau 6 - Le saint-pierre parmi quelques espèces d'intérêt aquacole sur la côte atlantique (tableau partiel, adapté de Quéméner *et al.*, 2002).

Rang	Nom latin	Nom vernaculaire
1	*Gadus morhua*	morue
..	..	..
7	*Polyprion americanus*	cernier
8	*Argyrosomus regius*	maigre
..	..	..
13	*Zeus faber*	saint-pierre
14	*Thunnus thynnus*	thon rouge
..	..	..
24	*Pollachius pollachius*	lieu jaune
..	..	..
26	*Solea solea*	sole commune
27	*Pagrus pagrus*	pagre

L'élevage d'espèces marines peut être également envisagé pour un objectif non alimentaire comme l'aquariophilie. C'est un axe porteur en matière de marché. De part sa morphologie, sa livrée colorée et son comportement, le saint-pierre est très attrayant pour le public des aquariums.

Les atouts pour l'élevage

Un des intérêts de cette espèce pour l'élevage est lié à une large distribution géographique qui devrait se traduire par une adaptation à différents milieux. Ses gros œufs, même si la phase embryonnaire est longue de 12-13 jours, et une larve de bonne taille sont des caractéristiques avantageuses pour l'élevage larvaire. Le régime alimentaire en milieu naturel est connu, ce qui permet de choisir une diversité de poissons pour l'alimentation de cette espèce lors de son adaptation à la captivité. Des juvéniles captifs s'alimentent sur du vif, particulièrement de petits poissons (Auffret, 2002, comm. pers.), voire de crevettes vivantes et de poissons. Le saint-pierre capture ses proies de la même manière que le turbot. L'adaptation ne devrait cependant pas être un problème majeur. Passé ce stade, il se comporte très bien car c'est un poisson tranquille. Ce trait indiquerait un élevage possible en grand volume en bassins à terre, voire en cages en mer, comme c'est le cas pour l'élevage d'un certain nombre de nouvelles espèces, par exemple méditerranéennes, qui développent leur meilleure croissance dans ces conditions. De plus, la croissance en élevage intensif devrait être plus rapide que dans le milieu naturel du fait d'un nourrissage régulier et d'une alimentation de qualité.

Le marché est porteur car le saint-pierre est connu dans une grande partie du monde. Cette espèce peut répondre aussi à la demande d'un marché de proximité, plutôt axé sur la restauration, correspondant au souhait de certains aquaculteurs. En raison d'une chair appréciée, le saint-pierre est souvent proposé dans la restauration hôtelière de haut de gamme. Les arguments pour le développement de ce type d'élevage sont essentiellement liés à des aspects commerciaux : la notoriété du poisson, la valeur marchande élevée, les circuits commerciaux bien connus et déjà en place. Le saint-pierre pourrait être présent, comme le rouget (Suquet & Person-Le Ruyet, 2001), dans ce créneau de l'aquaculture fournissant du poisson de haute valeur marchande mais représentant néanmoins une faible part de la demande. Ce débouché, où le saint-pierre peut trouver une place, est celui de « marchés-niches » intéressant certains producteurs aquacoles. Des producteurs peuvent vouloir se positionner sur un marché étroit, « les niches », pour répondre à une demande non satisfaite par les produits dits « de grande consommation ». Ces segments de marché, encore inexploités, offrent des perspectives de croissance rapide et rentable, s'adressant à un marché spécifique, aux niveaux local et régional. Les expériences acquises dans l'élevage d'autres espèces marines en termes de savoir-faire, pour chaque phase du développement du poisson, peuvent y trouver leur application.

Les contraintes pour l'élevage

La possibilité de constituer des stocks pour toute nouvelle espèce à élever est souvent difficile. Plusieurs voies existent. L'une d'elles, et sans doute la plus délicate, est d'obtenir de très jeunes stades et de suivre leur développement en conditions expérimentales, par la collecte d'œufs soit dans le milieu naturel, soit dans les aquariums (des œufs ont été observés, issus de saint-pierres gardés captifs quelques années ; Auffret, 2002, comm. pers.). Une autre voie possible est l'obtention de gamètes à partir de poissons matures débarqués sous criées ; ceci implique la réalisation de fécondations artificielles, en suivant l'exemple des premiers essais d'aquaculture chez les sparidés en Méditerranée (Divanach, 1985).

L'approvisionnement en individus pour réaliser les élevages est également tenté à partir de poissons juvéniles qui doivent être capturés vivants, sains, sans blessures (le saint-pierre est plus sensible que d'autres espèces), pour constituer les stocks de futurs géniteurs qui fourniront les œufs et les larves. Si le saint-pierre est pêché à la ligne, du fait de son comportement natatoire, il tend à l'éviter, ce qui rend difficile sa prise. Lors de leur capture, la vessie natatoire des poissons est fréquemment distendue. Il est recommandé de la percer à l'aide d'une aiguille hypodermique. Cette méthode se révèle efficace pour aider le poisson à retrouver une position normale de nage (Katavic *et al.*, 2000). En cas de décompression, il est conseillé d'immerger de nouveau le poisson à mi-profondeur du niveau de capture.

Au cours de l'année 2002, en raison d'un bon recrutement de l'espèce constaté dans le milieu naturel en Bretagne-sud, des pêches ont pu être réalisées au filet par des fonds de faible profondeur mettant en œuvre un savoir-faire. Elles se sont avérées providentielles pour fournir des jeunes saint-pierres à un aquarium (Auffret, 2002, comm. pers.).

Poisson du plateau continental, mauvais nageur, le saint-pierre doit s'acclimater à son nouvel environnement en captivité ; c'est, aux dires des biologistes qui détiennent quelques spécimens en aquarium, la phase la plus délicate après sa capture dans le milieu naturel. Selon Menu (1989), au-dessus de 17 °C, le saint-pierre ne s'adapterait pas à la vie en aquarium. Appliquée au milieu d'élevage, cette donnée de température s'avèrerait contraignante ; elle devra d'ailleurs être confirmée, car le saint-pierre fréquente tout de même des régions subtropicales ce qui laisse supposer qu'il vit dans des eaux de température supérieure à 17 °C.

Conclusion

La production mondiale du saint-pierre a augmenté ces dernières années. Cette évolution devrait avoir pour conséquence d'accroître la présentation de cette espèce sur le marché de la consommation. La demande existe : c'est un poisson de qualité excellente et de haute valeur pour lequel le consommateur est prêt à payer un prix élevé. Le saint-pierre est très apprécié dans les régions atlantique et méditerranéenne, et il est connu dans une grande partie du monde.

Les efforts à faire pour s'approvisionner et évaluer son potentiel aquacole devront être à la hauteur des enjeux du marché, à savoir, en l'état actuel de notre analyse, les marchés niches de poissons de haute valeur marchande.

Remerciements

L'auteur remercie tout particulièrement J.C. Poulard pour le dépouillement des données de campagnes EVHOE (1987-2000 ; conduites sous la responsabilité de J.C. Mahé) ; J. Person, J.C. Poulard, J. Barret, M. Suquet, A. Forest, A. Dosdat et J.L. Gaignon pour l'ensemble de leurs observations ; X. Caisey, les biologistes des aquariums de la région Bretagne (dont T. Auffret) pour les informations transmises ; les bibliothécaires de l'Ifremer de Nantes et de Brest et du Musée océanographique de Monaco pour leur aide à la recherche bibliographique ; J.J. Vayne et S. Gros pour l'illustration et N. Rossignol pour la présentation du document.

Références bibliographiques

Anonyme, 2002. Marché du poisson. Le Télégramme, 23 fév. ; 1er août ; 12 sept.

Armstrong S.G., Leach D.N., Wyllie S.G., 1991. Nutritional evaluation of lipids in fish from temperate Australian waters. J. Food Sci., 56(4), 1111-1112.

Bykov V.P., 2000. Chemical composition and processing properties of marine and ocean fishes. Handbook compiled by Bykov, Moscou - Vniro (ed.), 376 p.

Clark R.S., 1913-1915. General report on the larval and post-larval teleosteans in Plymouth waters. J. Mar. Biol. Ass. UK, 10(N.S.), 327-394, *Zeus faber*, 350-352.

Cofrepêche, 1996. Étude comparative des coefficients de conversion utilisés pour estimer le poids vif des captures des flottilles de pêche de l'Union. Projet 95/02, rapport final/sous la coordination de Cofrepêche. Commission des Communautés européennes, Direction générale de la pêche, 121 + 39 p.

Dalsen A.P. van, 1978. Weight conversion factors and length/weight relationship of three South African trawl-caught fish species. Presented at: Meet. Scientific Advisory Council, International Commission for the Southeast Atlantic Fisheries; Santa Cruz de Tenerife (Canary Islands), Dec. 1977. Coll. Sci. Pap. ICSEAF, CIPASO, 5, 113-114 (résumé).

Divanach P., 1985. Contribution à la connaissance de la biologie et de l'élevage de 6 sparidés méditerranéens : *Sparus aurata*, *Diplodus sargus*, *Diplodus vulgaris*, *Diplodus annularis*, *Lithognathus mormyrus*, *Puntazzo puntazzo* (poissons téléostéens). Thèse, université des sciences et techniques, Montpellier, 479 p.

Dorel D., 1986. Poissons de l'Atlantique Nord-Est. Relations taille-poids. Rapp. Intern. Ifremer, 165 p.

Dunn M.R., 2001. The biology and exploitation of John dory, *Zeus faber* (Linnaeus, 1758) in the waters of England and Wales. ICES J. Mar. Sci., 58, 96-105.

FAO, 1981. Eastern central Atlantic. Fishing areas 34, 47 (in part). Vol. 4: Bony fishes, families Scophthalmidae to Zeidae; Chimaeras; Sharks, families Alopiidae. Fischer W., Bianchi G. & Scott W.B. (eds). Ed. Department of fisheries and oceans, Ottawa (FAO species identification sheets for fishery purposes, Fiches FAO d'identification des espèces pour les besoins de la pêche) ; Family Zeidae.

FAO-Fishstatplus, 2002. Logiciel pour les séries chronologiques de pêche, version 2,3. Fisheries Department, Fishery Information, Data and Statistics Unit.

Fiom, 1997. Guide de classification des produits de la mer: appellations, calibrages et tailles minimales des principales espèces commerciales. Fiom (Fonds d'intervention et d'organisation des marchés des produits de la pêche), Paris, 181 p.; saint-pierre, p. 83.

Heemstra P.C., 1980. A revision of the zeid fishes (Zeiformes: Zeidae) of South Africa. Ichthyol. Bull., J.L.B. Smith Inst. Ichthyol. Rhodes Univ., 41, 1-18.

Jedryczkowski W., 1977. Initial results of the study on the North-West-African shelf fish food assimilation. Pol. Arch. Hydrobiol., 24(2), 285-287.

Katavic I., Grubisic L., Skakelja N., 2000. Growth performance of pink dentex as compared to four other sparids reared in marine cages in Croatia. Aquacult. Int., 8, 455-461.

Kukuyev Y.I., Sukhovershin V.V., 1995. Record of a spined form of *Zeus faber* (Zeidae) in Moroccan waters. J. Ichthyol., 35(9), 338-340.

Maigret J., Ly B., 1986. Les Poissons de mer de Mauritanie. Centre national de recherches océanographiques et des pêches, Compiègne: Sciences nat., 213 p., ordre des Zéiformes, 84-85.

Menu B., 1989. Aquaculture sur les côtes méditerranéennes françaises. Proposition d'étude de nouvelles espèces de poissons marins téléostéens. Rapp. Intern. Ifremer.

Ofimer, 2001a. Bilan annuel 2000. Données de commercialisation sous criées. Ofimer, Paris, 61 p.

Ofimer, 2001b. Synthèse mensuelle. Données de commercialisation sous criées, série: janv. à déc.

Ofimer, 2002a. Bilan annuel de production 2000 des pêches et de l'aquaculture, 59 p.

Ofimer, 2002b. Synthèse mensuelle. Données de commercialisation sous criées, série: janv. à déc.

Quéméner L, Suquet M., Mero D., Gaignon J.L., 2002. Selection method of new candidates for finfish aquaculture: the case of the French Atlantic, the Channel and the North Sea coasts. Aquat. Living Resour., 15(5), 293-302.

Quéro J.C., 1978. Répartition des Zéidés (Pisces, Zéiformes) capturés dans l'Atlantique oriental entre le cap Vert (15° N) et le cap Juby (28° N) au cours des campagnes de la « Thalassa ». Bull. Off. natn. Pêch. Tunisie, 2(1/2), 49-61.

Quéro J.C., Robles Pariente R., 1977. Captures de Zéidés (Pisces, Zéiformes) dans l'Atlantique est au nord de 40° N. Cybium, 2, 107-113.

Quéro J.C., Vayne J.J., 1997. Les Poissons de mer des pêches françaises: identification, inventaire et répartition de 209 espèces., Delachaux & Niestlé (éd.), Paris, 304 p.; saint-pierre, 160-161.

Quiniou L., 1978. Les poissons démersaux de la baie de Douarnenez : alimentation et écologie. Thèse 3e cycle : Océanogr. biol., Univ. Bretagne occidentale, Brest, 222 p.

Righini P., Voliani A., 1996. Distribuzione e stima dei parametri di crescita di *Zeus faber* L. nell'arcipelago Toscano. Biol. Mar. Medit. 3(1), 567-568.

Russel F.S., 1976. The eggs and planktonic stages of British marine fishes. Academic Press, London (ed.), XVI, 524 p.; Family Zeidae, 179-182.

Sanzo L., 1931a. Uova e larve di *Zeus faber* L. Archivio Zoologico Italiano, 15, 475-484.

Schmidt J., 1908. On the post-larval stages of the John dory (*Zeus faber* L.) and some other Acanthopterygian fishes. Meddelelser fra kommissionen for Havundersogelser, serie Fiskeri, 2(9), 14 p.

Silva A., 1992. Distribution and abundance of John dory (*Zeus faber* Linnaeus, 1758) in the Portuguese continental waters (ICES Div IXa) during 1986-1991. ICES-CM-1992/G 68, 33 p.

Silva A., 1999. Feeding habits of John dory, *Zeus faber* (Linnaeus, 1758) of the Portuguese continental coast (ICES Div. IXa). J. Mar. Biol. Ass. UK 1999, 79, 333-340.

Stergiou K.I., Fourtouni H., 1991. Food habits, ontogenetic diet shift and selectivity in *Zeus faber* Linnaeus, 1758. J. Fish. Biol., 39(4), 589-603.

Sumner J.L., Mealy S.W., 1983. A survey of substitution of fish fillets in Melbourne. Food Technol. Aust., 35(7), 332-334 (résumé).

Suquet M., Person-Le Ruyet J., 2001. Les rougets barbets (*Mullus barbatus*, *Mullus surmeletus*). Biologie, pêche, marché et potentiel aquacole. Ressour. Mer, Ifremer (éd.), 47 p.

Velasco F., Olaso I., 1998. John dory *Zeus faber* (Linnaeus, 1758) feeding off Galicia and in the Cantabrian sea : dietary shifts with size. Bol. Inst. Esp. Oceanogr., 14(1, 2), 69-79.

Vitturi R., Catalano E., Lafargue F., 1991. Evidence for heteromorphic sex chromosomes in *Zeus faber* (Pisces, Zeiformes): nucleolus organizer regions and C-banding pattern. Cytobios, 68, 37-43.

Warnes S., Jones B.W., 1995. Species distributions from English Celtic Sea groundfish surveys, 1984 to 1991. MAFF, Lowestoft (UK), 98, 42 p.

Réalisation, mise en page : XLC (02 98 30 50 07)

Achevé d'imprimer sur les presses de Cloître imprimeurs

ISSN 0986-3907
ISBN 2-84433-113-0 / Dépôt légal 1er trimestre 2003

Crédits photos :
Ifremer : O. Barbaroux, p. 7, 12, 21, 23, 26, 32 - S. Lesbats, couverture, p. 15, 24, 27
Océanopolis : J.Y. Havaux, p. 10, 16, 33 - Y. Gladu, p. 13 - T. Joyeux, p. 31
Cambridge University Press, p. 14